Bibliografische Information der Deutschen Nationalbibliothek:

Die Deutsche Bibliothek verzeichnet diese Publikation in der Deutschen National-
bibliografie; detaillierte bibliografische Daten sind im Internet über http://dnb.d-
nb.de/ abrufbar.

Impressum:

Copyright © 2010 GRIN Verlag, Open Publishing GmbH
Druck und Bindung: Books on Demand GmbH, Norderstedt Germany
ISBN: 9783640745388

Dieses Buch bei GRIN:

http://www.grin.com/de/e-book/155153/einschalten-einer-flutlichtanlage-simulation-
mit-logo-soft-unter-einbringung

Trinus Bußmann

"Einschalten einer Flutlichtanlage - Simulation mit LOGO!Soft unter Einbringung von Sonderfunktionen" als Unterrichtsthema in der Berufsfachschule Mechatronik

GRIN Verlag

Unterrichtsentwurf

Unterrichtsbesuch (UB I) (Fachleiter/in)   ☐ Prüfungsunterricht I (PU I)

2. Unterrichtsbesuch (UB II)   ☐ Prüfungsunterricht II (PU II)

Wochentag/Datum/Uhrzeit: Donnerstag   10.06.2010   14.00 – 14.45 Uhr

Studienreferendar/in:	Trinus Bußmann
Referendargruppe:	0411
Fachleiter/in (Fachrichtung):	
Fachleiter/in (Unterrichtsfach):	
PS-Vertreter/in:	
Vorsitzende/r (PUI/PUII):	
Fachlehrer/in:	
Schulleiter/in:	

Angaben zur Klasse

- Kurzbezeichnung:	X
- Ausbildungsberuf/Schulform: (BS-Teilzeit,BFS,BGJ,BS,BVJ,FGy,FOS)	X
- Schülerzahl:	13
- Schule/Ort/Standort:	
- Raum:	360

Fachrichtung oder Unterrichtsfach: (Bezeichnung im Seminar)	Elektrotechnik
Unterrichtsfach/Lernfeld:	LF 4: Untersuchen der Energie- und Informationsflüsse in elektrischen, pneumatischen und hydraulischen Baugruppen
Unterrichtsgebiet:	Automatisierungstechnik (LOGO!)
Unterrichtsthema:	„Einschalten einer Flutlichtanlage" – Simulation mit LOGO!Soft unter Einbringung von Sonderfunktionen

Inhaltsverzeichnis

Anlagenverzeichnis

1 Analyse des Bedingungsfeldes

1.1 Angaben zur Lerngruppe

Die X ist eine Klasse der einjährigen Vollzeitschulform Berufsfachschule Mechatronik. Die Berufsfachstufe vermittelt eine theoretisch-fachliche und allgemeine Ausbildung. Zudem wird eine praktische Ausbildung von 160 Zeitstunden durchgeführt.

Mit dem erworbenen Abschluss ist der Eintritt in die Fachstufe einer Berufsausbildung möglich. Der erweiterte Sekundarabschluss I kann mit einem bestimmten Gesamtnotendurchschnitt erworben werden.[1]

Die Klasse besteht aus einer Schülerin und zwölf Schülern[2]. Die Altersstruktur ist als heterogen zu bezeichnen. Dies spiegelt sich auch im Leistungsvermögen der Schüler wieder. (vgl. Anlage VI).

Schüler wie z.B. X, X verfolgen den Unterricht aufmerksam und hinterfragen Themenabschnitte. Sie weisen eine Vielzahl von guten Wortbeiträgen auf und treiben die Gruppenarbeiten voran. Andere Schüler wie z.B. X haben Probleme den Unterrichtsverlauf zu folgen und beteiligen sich kaum eigeninitiativ am Unterricht.

Die geringe Klassenstärke ermöglicht eine gute Beobachtung und Betreuung der einzelnen Schüler.

1.2 Kompetenzen der Lerngruppe

Fachkompetenz: Die Schüler kennen die logischen Grundfunktionen, wie „UND", „ODER" und „NICHT" der Digitaltechnik und können diese in einfachen Aufgaben als logische Funktionen umsetzen. Der Aufbau einer Wertetabelle, einer Funktionsgleichung und einer Zuordnungsliste ist bekannt. Die Schüler können aus einer Wertetabelle eine Funktionsgleichung bilden und diese in ein FBD schreiben. Durch Arbeiten mit der Simulationssoftware LOGO!Soft Comfort ist die Eigenkontrolle gewährleistet. Während X der Umgang mit der Digitaltechnik aufgrund ihrer Vorkenntnisse bereits zu Anfang leichter fiel, konnten auch die Schüler, wie z.B. X ihre Kenntnisse verbessern. Es fällt den schwächeren Schülern immer noch schwer die Aufgabenstellungen richtig zu erfassen und in angemessener Zeit zu lösen. Durch Bearbeiten eines Kundenauftrages (vgl. Anlage IV) sind das Interesse und die Motivation für das Lösen der Aufgaben extrem gestiegen. Die Sonderfunktionen der LOGO!Soft haben die Schüler noch nicht kennen gelernt. Sie kennen jedoch den Aufbau eines Schaltsymbols und Signal-Zeit-Planes.

Methodenkompetenz: Die Schüler sind unterschiedliche Methoden gewohnt. Sowohl die Einzelarbeit als auch die Gruppenarbeit haben die Schüler mehrfach durchgeführt. Aus den Erfahrungen der letzten Stunden hat sich gezeigt, dass die Schüler in Gruppenarbeitsphasen mehrheitlich in der Lage sind Aufgaben strukturiert und zielorientiert zu bearbeiten. Sie können die wichtigen Punkte herauskristallisieren und diese visualisieren und präsentieren. Hinsichtlich der Präsentation im Plenum wurden verschiedene Varianten praktiziert. Das Auftreten und Verhalten hat sich bei vielen Schülern schon verbessert, jedoch besteht hier noch Verbesserungsbedarf. Die Schüler sind es gewohnt Kundenaufträge zu bearbeiten (vgl. Anlage IV).

---

[1] vgl. www.bbs-emden.de, Stand 03.2010

[2] Im Folgenden wird zu Gunsten des Leseflusses auf die explizite Nennung der weiblichen Form verzichtet.

Sozialkompetenz: Es herrscht grundsätzlich eine angenehme Lern- und Arbeitsatmosphäre. Der Umgangston ist freundlich und offen. Im Unterricht ist zu beobachten, dass sich die Schüler gegenseitig akzeptieren und respektieren. Die fachlich stärkeren Schüler unterstützen ihre Mitschüler bei der Erledigung der Arbeitsaufträge. Allgemein ist bei der Gruppenarbeit- und Präsentationsphase bislang kein unkonzentriertes Verhalten einzelner Schüler zu beobachten gewesen.

1.3 Der Referendar

Ich unterrichte die Klasse X seit Februar 2010 mit zwei eigenverantwortlichen Wochenstunden. Das Verhältnis zur Klasse empfinde ich als freundlich und entspannt. Ich fühle mich von der Klasse akzeptiert, da ich nicht nur bei selbstständigen Arbeitsphasen als Lehrperson zur Klärung fachlicher Probleme, sondern auch über den Unterricht hinaus um Rat gefragt werde. Meine Kompetenzen zu diesem Unterrichtsgebiet habe ich durch meine Ausbildung, meines Ingenieurstudiums und meiner Tätigkeit als Ingenieur erworben. Vertieft wurden die Inhalte durch eigenes Literaturstudium und praktischer Programmierung. Unterrichtet habe ich das Thema nur im Rahmen der Makrosequenz (s. Anhang IV).

1.4 Organisatorische Rahmenbedingungen

Die X wird in Raum W 16 unterrichtet. Der heutige Besuch wird in Raum 360 stattfinden, da die Lichtverhältnisse für den Beamer in W 16 zu hell sind. Über den Beamer werden die Schülerergebnisse dargestellt. Die Tische sind zu drei Gruppenarbeitsplätzen zusammen gestellt. Die Schülergruppen arbeiten an Laptops, da zum Einen die Software (LOGO!Soft Comfort 2.0) installiert wurde und zum Anderen können sie an den Beamer angeschlossen werden.

2 Didaktisch-methodische Konzeption

2.1 Didaktische Überlegungen

2.1.1 Analyse der curricularen Vorgaben

Für die Berufsfachschule -Mechatronik- ist der Rahmenlehrplan nach Beschluss der Kultusministerkonferenz vom 30.01.1998 maßgebend[3].

Im Rahmenlehrplan zum Lernfeld 4 „Untersuchen der Energie- und Informationsflüsse in elektrischen, pneumatischen und hydraulischen Baugruppen" ist dieser inhaltliche Schwerpunkt der Stunde explizit mit einem Lernziel ausgewiesen: „(...) beherrschen steuerungstechnische Grundschaltungen (...) Inhalte: (...) Grundschaltungen der Steuerungstechnik(...)"[4]. In dieser Unterrichtseinheit lernen die Schüler den Sonderfunktionsbaustein Einschaltverzögerung kennen. Dieses ist ein Grundbaustein für den weiteren Verlauf der Makrosequenz (s. Anhang IV).

2.1.2 Analyse der Thematik

Das Lernfeld 4 der Mechatroniker befasst sich mit dem Thema Steuerungstechnik (s. 2.1.1). Die Schüler sollen in der geplanten Unterrichtsstunde ihre Programmierkenntnisse (LOGO!Soft) erweitern (Sonderfunktion: Einschaltverzögerung) und an einem praxisrelevanten Beispiel (Flutlicht–Steuerung

---

[3] Rahmenlehrplan für den berufsfeldbezogenen Lernbereich in der Berufsfachschule, Berufsfeld Mechatronik
[4] Rahmenlehrplan für den berufsfeldbezogenen Lernbereich in der Berufsfachschule, Berufsfeld Mechatronik, Beschluss der Kultusministerkonferenz (1998), S.9.

über die LOGO!) anwenden und erkennen. Die ursprüngliche Technik der fest programmierten Relaissteuerung und Schütztechnik (Verbindungsprogrammierte Steuerung, VPS) wird zunehmend abgelöst von der frei programmierbaren Steuerungstechnik (Speicherprogrammierbare Steuerung - SPS).

Speicherprogrammierte Steuerungen, welche seit den sechziger Jahren immer mehr Einzug in die Lösung von Steuerungsaufgaben erhalten hat, lassen sich u. a. in die Kategorien „Kleinsteuerung" (z.B. LOGO! von Siemens) und „Speicherprogrammierbare Steuerung" (SPS) aufteilen[5].

Bei der SPS handelt es sich um ein Automatisierungssystem (z.B. die SIMATIC-Baureihe von Siemens), das für größere Steuerungen in der Autoindustrie oder Förderanlagen eingesetzt wird. Dagegen ist das Steuergerät LOGO! schon bei kleinen Steuerungsaufgaben wirtschaftlich und wird in den Einsatzgebieten Installationstechnik, Maschinensteuerung und Anlagensteuerung eingesetzt[6]. Neben der LOGO! gibt es noch die „Easy" und die „Pharao" von anderen Herstellern. Die Speicherprogrammierten Steuerungen funktionieren nach dem EVA - Prinzip **(Eingabe – Verarbeitung – Ausgabe)** [7].

Die Speicherprogrammierte Steuerung holt sich die Informationen mit Hilfe von Sensoren (Taster, Endschalter oder auch Lichtschranken). Dieses braucht die Steuerung, um den Prozess steuern zu können **(Eingabe)**.

Diese Informationen werden von der Steuerung verarbeitet **(Verarbeitung)**. Sie leitet Maßnahmen ab, die den Prozess in der gewünschten Weise beeinflussen. Dieses geschieht mit Hilfe von Aktoren (Lampen, Motoren, Schütze) **(Ausgabe)**. Die Sensoren sind an die Eingänge und die Aktoren an die Ausgänge der Speicherprogrammierbaren Steuerung angeschlossen.

Die Vielzahl unterschiedlicher Sensoren lässt sich grob in binäre, digitale und analoge Sensoren aufteilen. Binäre Sensoren finden Anwendung bei der Erfassung von Positionen, Abständen und Längen, indem sie die Schaltzustände An/Aus annehmen. Digitale Sensoren werden bei der zahlenmäßigen Erfassung von Wegstrecken und Zeiten angewendet und analoge Sensoren liefern Werte von Temperaturen, Druck oder Lichtstärken. Die Auswertung analoger Messwerte mit digitalen Steuerungen erfordert die Digitalisierung von Messwerten, wobei die Messgrößen unter Anwendung eines physikalischen Prinzips in elektrische Größen umgewandelt werden.

Die LOGO! bietet zwei Möglichkeiten, um diese zu programmieren. Zum einen über ein Tastenbedienfeld direkt an der LOGO!, welches sich als sehr mühsam und unübersichtlich erweist. Die zweite Möglichkeit, die wir in der heutigen Stunde nutzen, ist die Software LOGO!Soft Comfort V2.0. Hiermit ist nicht nur eine bessere Übersicht gewährt, sondern auch gleichzeitig eine Simulation vorhanden. Hierbei kann auf einfache Programmierweise ein Funktionsblockdiagramm (FBD) oder eine Ladder-Darstellung (LAD) für das Logikmodul erstellt werden. Die Schüler benutzen in meinem Unterricht ausschließlich die FBD, da sie dieses als einfacher empfinden.

Über ein Schnittstellenkabel kann dann das FBD bzw. LAD in die Kleinsteuerung übertragen werden. Dieses geht allerdings nur mit der Version LOGO!Soft 6.0.

---

[5] vgl. Tapken, H, (2008), *LOGO!*, S. 7/8
[6] vgl. Tapken, H, (2008), *LOGO!*, S. 9
[7] vgl. Graue, U., Thielert, M., Wenzl, L. (2009), *LOGO! Praxistraining, S. 7*

Die LOGO! bietet 29 verschiedene Funktionen an, die miteinander zu einem Programm verknüpft werden können, damit ein bestimmtes Prozessverhalten erreicht wird. Dieses ist in Grundfunktionen (wie z.B. UND, ODER, NOR, NAND u.s.w.) und Sonderfunktionen wie Zeitbausteine (z.B. Ein- und Ausschaltverzögerung, Zeituhren), Zähler (Vorwärts/Rückwärts), Analog (z.B. PI-Regler, Rampenfunktionen) und Sonstige (z.B. Stromstoßrelais, Selbsthalterelais) aufgeteilt. Für die heutige Stunde werden die Zeitbausteine (Einschaltverzögerung) von besonderer Bedeutung sein. Über das anklicken des Bausteins lässt sich dieser in seinen Elementen parametrieren. Die eingestellten Parameterwerte, wie die Zeit in der heutigen Stunde, werden mit der Farbe „grün" neben dem Funktionsblock angezeigt. Die Software bietet neben einer Simulation noch eine detaillierte Hilfefunktion für alle Bausteine an. Dies ist vor allem bei komplexen und neuen Funktionen (Einschaltverzögerung) sehr hilfreich.

2.1.3   Auswahl- und Reduktionsentscheidungen

Die Verbindungsprogrammierte Steuerung (VPS) erfolgt in anderen Makrosequenzen dieses Lernfeldes und wird in dieser Makrosequenz nicht näher thematisiert (s. Anlage IV).

Mit der SPS werden ganze Fabriken überwacht und gesteuert. Sie können vielfältige und komplexe Aufgaben übernehmen. Die SPS-Steuerung wird in den folgenden Lernfeldern im Rahmen der weiteren Berufsausbildung der Schüler im zweiten bis vierten Ausbildungslehrjahr vermittelt.

Die Grundlagen für die komplexeren Steuerungen werden bereits berufsfeldübergreifend im ersten Ausbildungslehrjahr anhand von Kleinsteuerungen (LOGO!) erarbeitet.

Die Schüler werden über Problemstellungen aus dem täglichen Leben eines Kundenauftrages an die Funktionsweisen und vor allem an die Einsatzmöglichkeiten der LOGO! bzw. der LOGO!Soft Comfort herangeführt.

Neben anderen Herstellern solcher Kleinsteuerungen (s. 2.1.2) wird an der BBS II Emden die Kleinsteuerung LOGO! der Fa. Siemens angeboten. Aus diesem Grund werden die Kundenaufträge (Problemstellungen) an diesen Kleinsteuerungen gewählt. Zudem besitzt die Schule ein LOGO!Lern_Advanced (s. Anlage XIII.)

An diesem Modell habe ich den Kundenauftrag der heutigen Stunde gewählt. Hier ist die Simulation des Auftrages noch ersichtlicher und stärkt vor allem für die leistungsschwächeren Schüler (S. 1.1) das Vorstellungsvermögen für solch einen Auftrag. Dadurch, das die Schule z.Z. nur ein Modell besitzt, wird das Programm auf den jeweiligen Laptops der Gruppen mit dem Programm LOGO!Soft Comfort V 2.0 geschrieben und anschließend auf das Modell übertragen (s. 2.1.2). Zum Programmieren habe ich Laptops gewählt, da die Lichtverhältnisse in einigen Räumen sehr bescheiden sind und wir (Schüler und ich) mobil und flexibel sind. Dadurch, dass die Schule die Version V 2.0 besitzt, habe ich diese für die Schüler gewählt. Die Version 2.0 und 6.0 sind kompatibel und deswegen gibt es keine Probleme bei der Übertragung der Software auf das Modell (s. 2.1.2). Damit wird den Schülern über die Anwendung der Computertechnik ein einfacher Zugang zu der Programmierung der Steuerung ermöglicht. Die Schüler haben aus der täglichen Erfahrung im Umgang mit dem PC eine sehr anwenderfreundliche Weise für die Problemlösung.

Mit der Software kann der Betrieb simuliert werden und die Funktion des Programms getestet werden. Somit reduzieren sich Fehlermöglichkeiten und die Hardware wird geschont.

Die Übung zur Erstellung von Automatisierungen an zunächst kleineren Problemstellungen (s. Anlage IV) aus dem täglichen Leben, wie z.B. eines Flüssigkeitstand eines Öltanks (s. Anlage IV), ermöglicht den einfachen Zugang zu den Grundprinzipien dieser Technik und bildet die Grundlage für die spätere Anwendung an komplexeren Aufgabenstellungen und Steuerungsprozessen.

Die Schüler lösen die Programmierung eines Kundenauftrages über (s. 1.2) das Ausfüllen von einer Wertetabelle und Funktionsgleichung. Dadurch ist eine Struktur zum Lösen einer solchen Aufgabe gegeben. Ich bespreche die Wertetabelle mit den Schülern (s. Anlage IV), damit alle Gruppen auf dem richtigen Pfad sind und keine Missverständnisse auftauchen. Wie schon in 2.1.2 beschrieben, sind die Sonderfunktionen sehr komplex. Deswegen habe ich ein zusätzliches Arbeitsblatt (s. Anlage XII) zur Bearbeitung herausgegeben, damit die Schüler den Zusammenhang verstehen.

Die Erweiterung des Kundenauftrages (s. Anlage X) ist mit einer Sonderaufgabe versehen. Dadurch werden die Schüler abgeholt, die die Aufgabe bereits gelöst haben. Mir ist im Unterricht sehr wichtig, dass die Schüler in ihrem Wissensstand abgeholt werden und auch individuell gestärkt werden. Das möchte ich mit dem Zusatz (s. Anlage X) erreichen. Ich habe die Sonderfunktion Einschaltverzögerung gewählt, da sie häufig benutzt wird und einfach zu parametrieren ist.

2.2 Methodische Konzeption

2.2.1 Makrostruktur

(s. Anlage IV)

2.2.2 Mikrostruktur

Zu Beginn der Stunde werde ich Transparenz schaffen, indem ich den Schülern das heutige Stundenthema „Flutlichtanlage" - *Simualtion einer Realsituation"* vorstelle. Zudem zeige ich den Stundenverlauf auf einem Flipchartbogen, um die Schüler für die heutige Stunde zu sensibilisieren.

Ich teile die Klasse in vier heterogene Leistungsgruppen ein (s. Anlage VII). Ich hätte auch eine Partnerarbeit wählen können, doch aus Zeitgründen ist eine Gruppenarbeit mit einer Gruppengröße von 3 – 4 Schülern effektiver.

Nachdem ich die Schüler in Gruppen eingeteilt habe, lege ich den Kundenauftrag auf einen OHP (Overheadprojektor) auf. Damit ist die ganze Aufmerksamkeit der Klasse bei der Aufgabe. Ich hätte auch die Aufträge austeilen können, doch dann schweifen viele Schüler ab. Ich zeige den Schülern das Modell der Flutlichtanlage (s. Anlage XIII), um ihre Motivation zu steigern.

Den schriftlichen Arbeitsauftrag werde ich von Karsten vorlesen lassen, damit er motiviert ist und eine positive Einstellung zur Aufgabe entwickelt. Danach lasse ich noch einmal Les mit eigenen Worten wiedergeben, was als Arbeitsauftrag zu machen ist (s. 1.1). Durch gezieltes Ansprechen der beiden Schüler wird noch einmal das Interesse zur Aufgabe geweckt. Alle Schüler kennen bereits dieses Verfahren, da ich es bei jeder Stunde, je nach Situation, einstreue.

Bevor die Schüler mit dem Arbeitsauftrag beginnen, frage ich ins Plenum, welcher Arbeitsschritt als erstes ausgeführt werden muss, um das Problem zu lösen. Ich möchte die Schüler kognitiv dazu bringen, gewisse Schritte am Anfang zu bearbeiten. Die Schüler sollen durch Fragen meinerseits aufgefordert werden Entscheidungen zu treffen. Diese lasse ich von einem Schüler (X) am Flipchart festhalten. Dadurch können die Schüler sich noch einmal bei der Reihenfolge der Arbeitschritte vergewissern.

Die Schüler bearbeiten die erste Aufgabe (Zuordnungsliste und Wertetabelle). Nach einer Arbeitszeit von 10 min sollen diese Ergebnisse präsentiert werden. Dieses mache ich aus dem einfachen Grund, damit die Schüler wissen, ob Sie auf dem richtigen Weg sind. Durch die Beschriftung der Zuordnungsliste, fällt es den Schülern leichter, die Variablen zu benennen. Mir ist es wichtig, dass eine fremde Person (Fachpersonal) das Programm verstehen kann und ggf. bei Bedarf ändern könnte. Zudem sind kleine Präsentationsphasen sehr wichtig, damit dieses geschult wird. Hierbei werde ich leistungsschwächere Schüler wie X an das Flipchart bitten. Die Ergebnisse werden auf einem Flipchartbogen festgehalten. Dies hat den Vorteil, dass die Schüler bei den darauf folgenden Arbeitsaufträgen sich noch einmal vergewissern können, welcher Schritt als nächster zu tun ist.

Durch das Festlegen der Zuordnungsliste und der Wertetabelle wird die nächste Arbeitsphase eingeleitet. Die Schüler sollen in ihren festgelegten Gruppen eine Funktionsgleichung und anschließend ein FBD (Funktions-Block-Diagramm) erstellen. Durch eine Gruppenarbeitsphase werden die Schüler sensibilisiert gemeinsam zu arbeiten, um das Problem zu lösen. Die leistungsschwächeren Schüler werden von den leistungsstärkeren Schülern unterstützt. Somit sinkt die Frustration bei den Aufgaben. Ich habe gute Erfahrungen durch Gruppenarbeitsphasen in dieser Klasse gemacht (s. Anlage IV). Es hat sich herausgestellt, dass die Ergebnisse qualitativ besser waren als in Einzel- oder Partnerarbeit. Die Schüler präsentieren nach der Programmierung des FBDs ihre Ergebnisse. In dieser Phase beginnt der Unterrichtsbesuch.

Durch ein simuliertes FAX (s. Anlage X) schaffe ich ein neues Problem und es wird mit der zweiten Arbeitsphase begonnen. Durch das Auflegen des Kundenauftrages auf einen OHP, und durch den Vortrag der Schüler, versuche ich die Schüler, durch gezielte Fragen, auf die Sonderfunktionen der LOGO! (s. 2.1.2) zu lenken.

Die Schüler erhalten einen neuen Arbeitsauftrag (s. Anlage XII) und versuchen die Sonderfunktion in ihr Programm einzubinden. Zudem sollen sich die Schüler über die Hilfsfunktion das nötige Basiswissen über die Einschaltverzögerung holen. Die Schüler präsentieren ihre Ergebnisse am Flutlichtmodell.

Durch das Modell (s. Anlage XIII) mit der LOGO!Soft haben die Schüler gleichzeitig eine Ergebnissicherung, ob die Theorie mit der Praxis übereinstimmt. Man könnte die Schüler auch an einer LOGO! programmieren lassen, statt an einer Simulation um das Beispiel noch praxiszentrierter zu präsentieren, doch haben die Schüler bisher noch keine Erfahrungen mit der LOGO! gemacht. Deswegen habe ich den Weg der Simulation gewählt und lasse nur das Ergebnis am LOGO! – Modell präsentieren. Für spätere Aufgaben sind die Erfahrungen mit der direkten Programmierung der LOGO! vorgesehen.

Im Idealfall sollten unterschiedliche, korrekte Lösungen vorgestellt werden, so dass die Schüler erkennen können, dass eine digitale Steuerung mehrere Lösungsvarianten zulässt.

Zur Ergebnissicherung sollen alle Schüler die vorgestellte und korrekte Lösung der Zuordnungsliste und FBD auf das Arbeitsblatt übernehmen.

Zum Ende der Stunde vermittle ich den Schülern Transparenz für die nächste Stunde und beende diese.

3   Lern- und Handlungsziele/Kompetenzen

Übergeordnetes Stundenlernziel: Die Schüler sollen am Beispiel einer Flutlichtanlage am Modell die logischen Verknüpfungen erstellen und mit der LOGO!Soft Comfort testen.

Stundenlernziel: Die Schüler sollen...

(FK1) ... ihre Planungsaktivitäten stärken, indem sie den Arbeitsauftrag durchlesen und die Reihenfolge der Arbeitsaufträge festlegen.

(FK2) ... ihre Programmierkenntnisse stärken, indem sie das FBD bearbeiten und diesen durch die Simulation testen.

(FK3) ... die Funktionsweise ihres erstellten Steuerprogramms erklären können, indem sie die Prozessabläufe anhand des zugehörigen Funktions-Block-Diagramms an einem Modell oder Simulation erläutern.

(FK 4) ... ihre Programmierkenntnisse bzgl. der Software LOGO!Soft festigen können, indem sie den vorhandenen Funktionsplan um die Zeitfunktion erweitern.

(FK 5) ... ihr Steuerungsprogramm am Modell testen können, indem sie das Steuerungsprogramm über ein Datenkabel vom Rechner auf die LOGO! übertragen können.

(MK1) ... eigenverantwortlich mit der Gruppe arbeiten, indem sie eine Problemlösung entwickeln.

(MK2) ... ihre Eigenständigkeit verbessern, indem sie sich neue Funktionen über die Hilfe aneignen.

(SK 1) ... ihr Sozialverhalten verbessern, indem sie während der Arbeitsphasen konzentriert arbeiten.

(SK 2) ... ihre Kommunikationskompetenzen verbessern, indem sie ihre Kenntnisse mit einem Partner bzw. im Plenum austauschen und anderen aktiv zuhören.

4　Lernerfolgskontrolle

Die Lernziele (FK 1, FK 2, FK 4, SK 1, SK 2) lassen sich in den Präsentationsphasen zum Einen anhand der Erläuterungen der Schüler und zum Anderen durch gezielte Fragen (FK 1, FK 2) meinerseits kontrollieren. Eine weitere Kontrollmöglichkeit ist die Beobachtung der Schüler während der Arbeitsphasen.

Darüber hinaus wird eine Klassenarbeit bzw. ein Kundenauftrag für die gesamte Makrosequenz geplant, sodass mit den erreichten Noten ebenfalls Rückschlüsse auf den Lernerfolg möglich sind.

5 Anlagen

Anlage I: Quellenangabe

<u>Fachbücher:</u>

Bartenschlager, J., Hebel, H., Klatt, Th., Lämmlin, G., Scheib, A. (2008).
Fachkunde Mechatronik. Verlag Europa Lehrmittel

Graue, U., Thielert, M., Wenzl, L. (2009). *LOGO! Praxistraining.* Verlag Westermann

Tapken, H. (2008) *LOGO!.* Verlag Europa Lehrmittel

Richter, C.; Meyer, R. (2004). *Lernsituationen gestalten -Berufsfeld Elektrotechnik.* Troisdorf:
Bildungsverlag EINS

Tkotz, K., Bastian, P., Bumiller, M., Burgmaier, M., Eichler, W., Käppel, T., Klee, W., Kober, K.,
Manderla, J., Schwarz, J., Spielvogel, O., Winter, U., Ziegler, K., (2008). *Fachkunde Elektrotechnik.*
Verlag Europa Lehrmittel, Haan Gruiten.

Rahmenlehrplan für den Ausbildungsberuf Mechatroniker / Mechatronikerin von 1998

<u>Seminarunterlagen:</u>

UE (2007), *Unterrichtsentwurf UBII,* Studienseminar Oldenburg. [Online PDF]. Verfügbar unter:
https://bbs-
bscw.nibis.de/bscw/bscw.cgi/d2292543/Markisensteuerung%20mit%20LOGO.pdf%20UB%20II.pdf

<u>Internetadressen:</u>

http://www.ikh-lehrsysteme.de Stand 03.06.2010

Anlage III: Geplanter Unterrichtsverlauf

Unterrichtsphase/ -schritte	Lern-ziele	Sozial- und Aktions-formen	Medien
Einstieg/ Informieren I L. begrüßt die Schüler und stellt den Stundenverlauf (s. Anlage V) vor (Struktur und Transparenz für die heutige Stunde) • L. teilt die Gruppen heterogen ein (s. Anlage VII) • L. legt Kundenauftrag 1 auf (s. Anlage VIII) • S. liest den Kundenauftrag vor • L. bittet S. den Arbeitsauftrag mit eigenen Worten wiederzugeben • L. zeigt den Schülern das Modell	FK1	UG	• Flipchart • OHP • Anlage V • Anlage VII • Anlage VIII • Simulationsmodell (Anlage XIII)
Planen I (Problematisierung I) • L. fordert die S. auf, erste notwendige Arbeitschritte zu nennen, die für die Erledigung des Arbeitsauftrages nötig sind • S. planen ihre Vorgehensweise und nennen mir die wichtigsten Arbeitsschritte. Diese werden von einem S. am Flipchart festgehalten (s. Anlage XI) • L. verteilt die Aufgabenblätter 1 an die Schüler (s. Anlage IX)	FK1, MK1, SK2	UG, ST	• Flipchart • Anlage V • Anlage VIII • Anlage IX (AB 1) • Anlage XI
Entscheiden I/ Ausführen I • S. bearbeiten die Aufgabenblätter 1 des Kundenauftrags (s. Anlage IX) • S. präsentieren die Wertetabelle • S. bearbeiten FBD • L. gibt, falls nötig, minimale Hilfestellungen	FK2, FK3, MK1, SK1	ST, GA	• Flipchart • Anlage IX (AB 1) • Schülerlösung • LOGO!Soft Comfort • Laptop
Präsentationsphase I (Kontrollieren/ Auswerten) • S. präsentieren ihre Ergebnisse • L. stellt Kontrollfragen zu den Details des Programms. Dabei werden die Fragen bevorzugt an die Leistungsschwächeren gerichtet	FK3, SK2	SPrä, UG	• Flipchart • Anlage IX (AB 1) • Schülerlösung
Beginn des Unterrichtsbesuches um 14 Uhr während der Präsentationsphase I			
S. fast für den Besuch chronologisch die ersten 45 min zusammen **Planen II (Problematisierung II)** • L. erhält ein Fax • L. legt Kundenauftrag II auf (s. Anlage X) • S. liest den Kundenauftrag vor • L. bittet S. den Arbeitsauftrag mit eigenen Worten wiederzugeben • L. fragt Schüler welche Funktionen benutzt werden müssen um den Kundenauftrag II zu bearbeiten • S. nennen die Einschaltverzögerung • L. verteilt das Aufgabenblatt 2 an die Schüler (s. Anlage XII)	FK1, MK1, SK2	UG, ST	• Flipchart • OHP • Anlage IX (AB 1) • Anlage X • Simulationsmodell • Anlage XII (AB 2)
Ausführen II • L. fordert die S. auf in Gruppenarbeit den Kundenauftrag II in die FBD einzubinden und das Arbeitsblatt 2 auszufüllen • L. gibt, falls nötig, minimale Hilfestellungen • S. kontrollieren die Funktion der Steuerung mithilfe der Simulation	FK2, FK3, FK4, MK1, MK2, SK1	ST, GA	• Flipchart • Anlage IX (AB 1) • Anlage X • Schülerlösung • LOGO!Soft Comfort • Laptop

Kontrollieren/ Ergebnissicherung	FK2, FK3, FK5, MK1, SK2	ST, SPrä	• Flipchart, • Anlage IX (AB 1) • Schülerlösung • LOGO!Soft Comfort • Laptop • Beamer • Simulationsmodell (Anlage XIII)
• S. stellen dem Plenum ihre Ergebnisse vor • L. stellt Kontrollfragen zu den Details der FBD. Dabei werden die Fragen bevorzugt an die Leistungsschwächeren gerichtet • S. halten alle Ergebnisse auf ihren Arbeitsblättern fest. Nach jeder Präsentation haben die S. Zeit sich die Ergebnisse zu notieren • L. gibt Ausblick auf die nächste Stunde			
Abbruch möglich während der vier Präsentationen			

Legende: Sozialformen: GA = Gruppenarbeit **Aktionsformen**: UG = Unterrichtsgespräch,
SPrä = Schülerpräsentation, ST = Schülertätigkeit, **Medien:** AB = Aufgabenblatt, OHP = Overheadprojektor
S. = Schüler/innen, L.= Lehrer
FBD = Funktions-Block-Diagramm

Anlage IV: Makrostruktur

Lerngebiet / Lernfeld: LF 4 Untersuchen der Energie- und Informationsflüsse in elektrischen, pneumatischen und hydraulischen Baugruppen

Leitidee / Makroziel: Programmieren der LOGO!

Thema der Makrosequenz / Lernsituation: beherrschen steuerungstechnische Grundschaltungen

Ausgangsfall / komplexe Ausgangssituation: Simulation einer Realsituation am Beispiel Öltank

Datum/Stunde	1./2.	3./4.	5./6.	7./8.	9./10.
Thema	Analyse der Funktion einer Stanze	Analyse der Funktion einer Ventilsteuerung! Vertiefung der Grundlagen	Umsetzung eines Kundenauftrages am Bsp. Stanze	Umsetzung einer Problemstellung an einer Förderanlage	Umsetzung einer Problemstellung anhand von einer Realsituation (Öltank)
Phase der Lernhandlung	I,P,E,A,K,B	I,P,E,A,K,B	I,P,E,A,K,B	I,P,E,A,K,B	I,P,E,A,K,B
Unterrichtsinhalte	Realisieren einer • Wertetabelle • Signal-Zeit-Plan • Stromlaufplan • Funktionsplan • Funktionsgleichung anhand von einem praktischen Bsp. (Stanze)	Realisieren einer • Wertetabelle • Signal-Zeit-Plan • Stromlaufplan • Funktionsplan • Funktionsgleichung anhand von einem praktischen Bsp. (Ventilsteuerung)	Kundenauftrag (Stanze bedienen) • Wertetabelle • Funktionsplan	Problemstellung (Förderanlage) • Zuordnungsliste • FBD • Simulieren mit Software	Problemstellung (Öltank) • Zuordnungsliste • Wertetabelle • FBD • Simulation mit Software (UB1)
Methodische Hinweise und Sozialformen	SPrä, GA, EA	SPrä, GA, EA	SPrä, PA, Plenum	SPrä, GA	SPrä, GA
Medien	Stundenverlaufsplan (SVP), Flipchart, Beamer, Laptop	Stundenverlaufsplan (SVP), Flipchart, Beamer, Laptop	Stundenverlaufsplan (SVP), Flipchart, Beamer, Laptop	Stundenverlaufsplan (SVP), Flipchart, Beamer, Laptop LOGO!SOFT Comfort 2.0	Stundenverlaufsplan (SVP), Flipchart, Beamer, Laptop LOGO!SOFT Comfort 2.0

Abkürzungen: Phasen des Lernhandelns: I= Information, P= Planung, E= Entscheidung, A= Ausführen, K= Kontrolle, B= Bewerten
Sozialformen: Plenum, GA= Gruppenarbeit, PA= Partnerarbeit, EA = Einzelarbeit
Aktionsformen: SPrä = Schülerpräsentation
Medien: SVP= Stundenverlaufsplan

Lerngebiet / Lernfeld: LF 4 Untersuchen der Energie- und Informationsflüsse in elektrischen, pneumatischen und hydraulischen Baugruppen
Leitidee / Makroziel: Programmieren der LOGO!
Thema der Makrosequenz / Lernsituation: beherrschen steuerungstechnische Grundschaltungen
Ausgangsfall / komplexe Ausgangssituation: Simulation einer Realsituation am Beispiel Öltank

Datum/Stunde	11./12.	13./14.	15./16.
Thema	Umsetzung eines Kundenauftrages einer Hausbeleuchtung	Umsetzung eines Kundenauftrages einer Flutlichtanlage mit Sonderfunktionen	Umsetzung eines Kundenauftrages mit Sonderfunktionen
Phase der Lernhandlung	I,P,E,A,K,B	I,P,E,A,K,B	I,P,E,A,K,B
Unterrichtsinhalte	Problemstellung (Hausbeleuchtung) • Zuordnungsliste • Wertetabelle • Funktionsgleichung • FBD • Simulieren mit Software an einem Modell	Problemstellung (Flutlichtanlage) • Zuordnungsliste • Wertetabelle • Funktionsgleichung • FBD • Einbau einer Sonderfunktion in die FBD • Simulieren mit Software an einem Modell (UBII)	Kundenauftrag • Zuordnungsliste • Wertetabelle • Funktionsgleichung • FBD • Simulieren mit Software an einem Modell
Methodische Hinweise und Sozialformen	SPrä, GA	SPrä, GA, EA	SPrä, PA, Plenum
Medien	Stundenverlaufsplan (SVP), Flipchart, Beamer, Laptop LOGO!SOFT Comfort 2.0, Simulationsmodell	Stundenverlaufsplan (SVP), Flipchart, Beamer, Laptop, Simulationsmodell	Stundenverlaufsplan (SVP), Flipchart, Beamer, Laptop

Abkürzungen:	
Phasen des Lernhandelns:	I= Information, P= Planung, E= Entscheidung, A= Ausführen, K= Kontrolle, B= Bewerten
Sozialformen:	Plenum, GA= Gruppenarbeit, PA= Partnerarbeit, EA = Einzelarbeit
Aktionsformen:	SPrä = Schülerpräsentation
Medien:	SVP= Stundenverlaufsplan,

Anlage V: **Stundenverlauf (Stellwand)**

> **Stundenverlauf:**
> Thema: „Einschalten einer Flutlichtanlage" – Simulation mit
> LOGO!Soft unter Einbringung von Sonderfunktionen
> - Begrüßung
> - Stundenablauf
> - Information
> - Arbeitsauftrag 1
>   → Präsentation
> - Arbeitsauftrag 2
>   → Präsentation
> - Ergebnissicherung

Analge VI: **Klassendaten**

Schüler		Notenstand	Mündliche Einschätzung	Schulabschluss	Alter
		1-	+	EI	17
		5	-	SI	17
		1-	0	AH	22
		4	-	SI	16
		2	0	AH	20
		1	+	AH	22
		2	0 +	SI	17
		3	0	SI	18
		5	- 0	SI	17
		6	0	HK	17
		2	0	EI	17
		2	0	EI	17
		4	0	SI	18

Bewertung der mündlichen Leistung: (+) - sehr gut bis gut
                                      (0) - gut bis befriedigend
                                      (−) - befriedigend bis ausreichend

Schulabschlüsse: AH - Abitur (allgemeine Hochschulreife)
                                      EI - erweiterter Realschulabschluss (Sek II)
                                      SI - normaler Realschlussabschluss (Sek I)
                                      HK - Hauptschule 10 Klasse

Anlage VII: Sitzplan

Sitzplan Raum 360

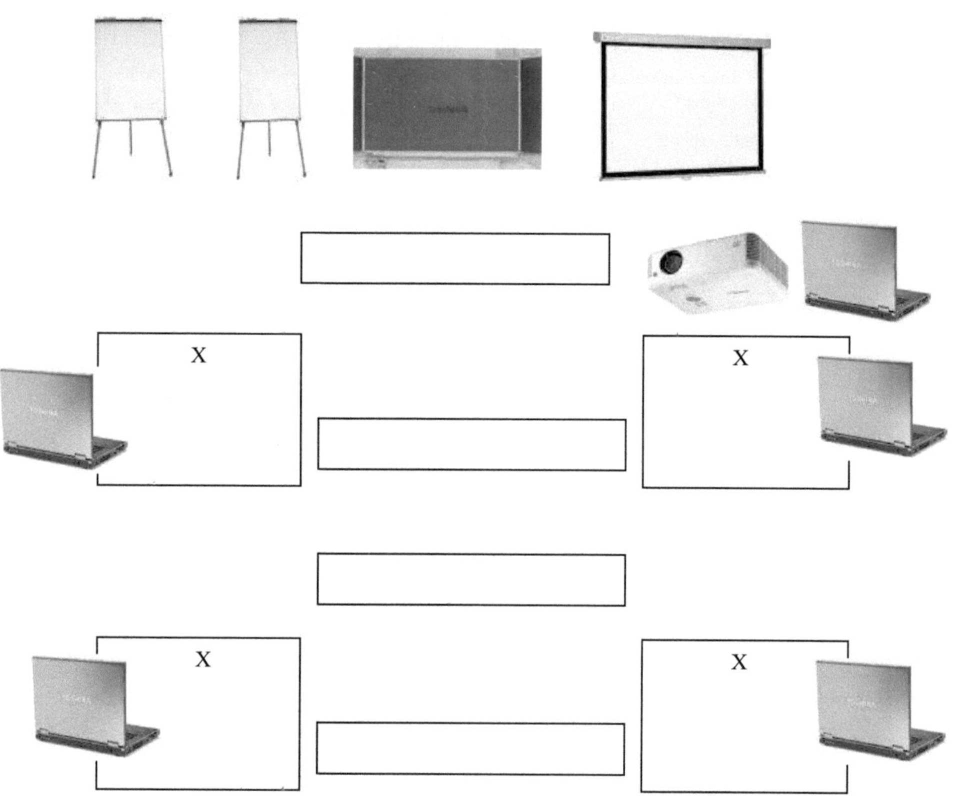

Anlage VIII: Kundenauftrag 1

Trinus Bußmann
Musterstr. 7
12345 Musterhausen

Jan Johannes
Johannesstr. 7
12345 Johannesburg

Hallo Herr Bußmann,
ich habe ein Problem. Ich bin bei der WM 2010 in Südafrika für die Flutlichtanlage
zuständig. Doch hier funktioniert noch gar nichts. Ich habe hier vier Schalter, die
ich für die Flutlichtanlage benutzen soll und eine LOGO!. Ich weiß nicht, wie ich die
LOGO! programmieren soll.
Mir wurde nur gesagt, dass Schalter 1 für den NOT-AUS ist. Mit Schalter 2 soll
ich Licht 1 und 2 schalten und mit Schalter 3 Licht 3 und 4. Ich habe ihnen ein Bild
mitgeschickt. So ist die Anlage im Soccer City Stadion von Johannesburg
aufgebaut.

Wäre super, wenn das schnell klappt. Es geht ja morgen endlich los.

Gruß Jan Johannes

Anlage IX: Aufgabenblatt 1

Mechatronik	
Thema: **Grundlagen Automatisierungstechnik**	**Berufsbildende Schulen II Emden**
Lernfeld 4 Klasse: Lehrer: Trinus Bußmann 10.06.2010	Steinweg 25 Tel. (0 49 21) 87 40 00 e-mail: info@bbs2-emden.de 26721 Emden Fax (0 49 21) 87 40 04 Internet: www.bbs2-emden.de

Arbeitsschritte für Kundenauftrag 1

- Zuordnungsliste

- Wertetabelle

- Ergebnisse präsentieren

- Funktionsgleichung

- FBD

- Simulation

- Ergebnisse präsentieren

Zuordnungsliste

Zuordnungsliste		
Betriebsmittelbez.	**LOGO-Beschaltung**	**Betriebsmittelbeschreibung**

Wertetabelle

Zeile						

<table>
<tr><td colspan="2">Mechatronik
Thema: Grundlagen
Automatisierungstechnik</td><td colspan="2" rowspan="2">Berufsbildende Schulen II Emden

Steinweg 25   Tel. (0 49 21) 87 40 00   e-mail: info@bbs2-emden.de
26721 Emden   Fax (0 49 21) 87 40 04   internet: www.bbs2-emden.de</td></tr>
<tr><td>Lernfeld 4
Klasse:
Lehrer: Trinus Bußmann</td><td>10.06.2010</td></tr>
</table>

Funktionsgleichung

Funktions-Block-Diagramm (FBD)

Lösung Kundenauftrag 1

Mechatronik		
Thema: **Grundlagen Automatisierungstechnik**		Berufsbildende Schulen **II** Emden
Lernfeld 4 Klasse: Lehrer: Trinus Bußmann	10.06.2010	Sternweg 25 Tel. (0 49 21) 87 40 00 e-mail info@bbs2-emden.de 26721 Emden Fax (0 49 21) 87 40 04 internet www.bbs2-emden.de

Zuordnungsliste

Zuordnungsliste		
Betriebsmittelbez.	**LOGO-Beschaltung**	**Betriebsmittelbeschreibung**
S1	I1	NOT-AUS
S2	I2	Schalter für Lampe 1 und 2
S3	I3	Schalter für Lampe 3 und 4
L. 1 und 2	Q1 und Q2	Flutlichtlampe 1 und 2
L. 3 und 4	Q3 und Q4	Flutlichtlampe 3 und 4

Wertetabelle

Zeile		S3	S2	S1		L. 1 und 2	L. 3 und 4
0		0	0	0		0	0
1		0	0	1		0	0
2		0	1	0		1	0
3		0	1	1		0	0
4		1	0	0		0	1
5		1	0	1		0	0
6		1	1	0		1	1
7		1	1	1		0	0

Funktionsgleichung

$$Q1 = \overline{S3} * \overline{S2} * \overline{S1} + S3 * S2 * \overline{S1}$$

$$Q1 = S3 * \overline{S2} * \overline{S1} + \overline{S3} * S2 * \overline{S1}$$

Funktions-Block-Diagramm (FBD)

(eine mögliche Lösung)

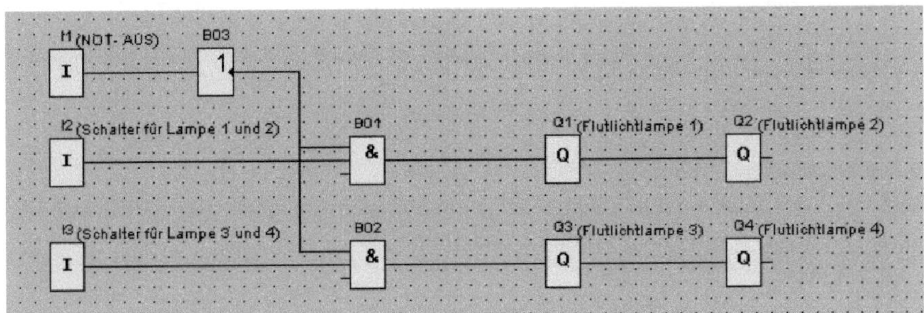

Anlage X: Kundenauftrag 2

FAX

Trinus Bußmann
Musterstr. 7
12345 Musterhausen

Jan Johannes
Johannesstr. 7
12345 Johannesburg

Hallo Herr Bußmann,

ich hätte noch ein Anliegen.
Eine Stunde vor dem Spiel beginnt die Eröffnungsfeier. Wenn ich schon mal vor
Ort bin, möchte ich diese gerne verfolgen. Ist es möglich, dass ich die Schalter
drücke und die Lichter erst später angehen? Dann brauche ich nicht EXTRA zur
Schaltzentrale zurück.
Also noch einmal zum Ablauf.
Schalter 1 NOT-AUS,
Schalter 2 Licht 1 und 2
Schalter 3 Licht 3 und 4
Wenn sie noch Zeit haben, können sie ja ein Lauflicht programmieren (Flutlicht 1
an, dann Flutlicht 2, dann Flutlicht 3 und dann Flutlicht 4).

Gruß Jan Johannes

Anlage XI: **Arbeitsschritte für Kundenauftrag (Stellwand)**

Arbeitsschritte für Kundenauftrag

- Zuordnungsliste

- Wertetabelle

- Funktionsgleichung

- FBD

- Simulation

Anlage XII: Aufgabenblatt 2

<table>
<tr><td colspan="2">Mechatronik
Thema: Grundlagen
Automatisierungstechnik</td><td rowspan="2">Berufsbildende Schulen II Emden

Steinweg 25   Tel: (0 49 21) 87 40 00   e-mail: info@bbs2-emden.de
26721 Emden   Fax: (0 49 21) 87 40 04   internet: www.bbs2-emden.de</td></tr>
<tr><td>Lernfeld 4
Klasse:
Lehrer: Trinus Bußmann</td><td>10.06.2010</td></tr>
</table>

Stromlaufplan   **Schaltsymbol**

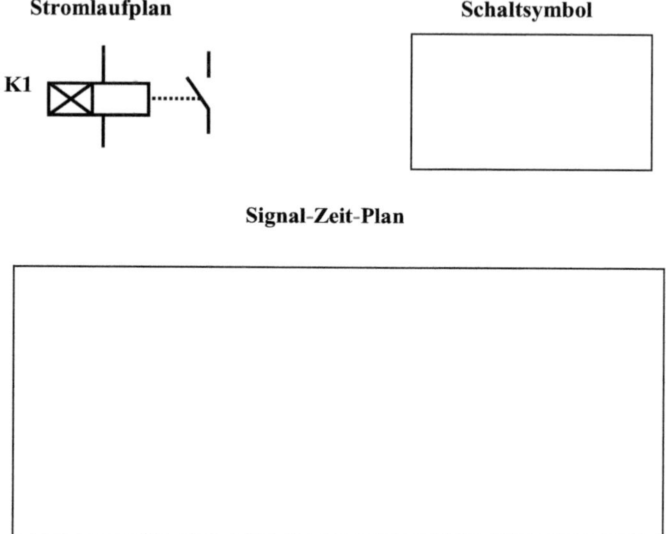

Signal-Zeit-Plan

Beschaltung und Funktion der Parameter

Parameter	Bezeichnung	Funktion
Trg	**Eingang**	Wechselt der Trg – Eingang von 0 nach 1 – Signal, wird die Zeit für die Einschaltverzögerung gestartet
T	**Parameter**	Verzögerungszeit, nach der der Ausgang Q auf 1 – Signal geschaltet wird
Q	**Ausgang**	Ausgang Q schaltet nach Ablauf der Verzögerungszeit auf 1 – Signal, aber nur solange der Trg – Eingang noch auf 1 – Signal ist.

Funktionsbeschreibung

....

....

Lösung

Mechatronik Thema: **Grundlagen** **Automatisierungstechnik**	**Berufsbildende Schulen II Emden**
Lernfeld 4 Klasse: Lehrer: Trinus Bußmann 10.06.2010	Steinweg 25 Tel (0 49 21) 87 40 00 e-mail: info@bbs2-emden.de 26721 Emden Fax (0 49 21) 87 40 04 internet: www.bbs2-emden.de

Stromlaufplan   **Schaltsymbol**

Signal-Zeit-Plan

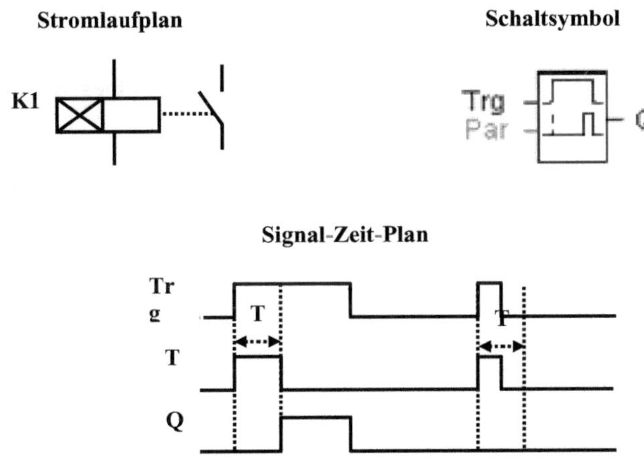

Beschaltung und Funktion der Parameter

Parameter	Bezeichnung	Funktion
Trg	**Eingang**	Wechselt der Trg – Eingang von 0 nach 1 – Signal, wird die Zeit für die Einschaltverzögerung gestartet
T	**Parameter**	Verzögerungszeit, nach der der Ausgang Q auf 1 – Signal geschaltet wird
Q	**Ausgang**	Ausgang Q schaltet nach Ablauf der Verzögerungszeit auf 1 – Signal, aber nur solange der Trg – Eingang noch auf 1 – Signal ist.

Funktionsbeschreibung

Bei der Einschaltverzögerung wird der Ausgang erst nach einer parametrierbaren Zeit durchgeschaltet.

Lösung Kundenauftrag 2

Mechatronik Thema: **Grundlagen Automatisierungstechnik**		Berufsbildende Schulen **II** Emden
Lernfeld 4 Klasse: Lehrer: Trinus Bußmann	10.06.2010	Sternweg 25 Tel. (0 49 21) 87 40 00 e-mail: info@bbs2-emden.de 26721 Emden Fax: (0 49 21) 87 40 04 Internet: www.bbs2-emden.de

Zuordnungsliste

Zuordnungsliste		
Betriebsmittelbez.	**LOGO-Beschaltung**	**Betriebsmittelbeschreibung**
S1	I1	NOT-AUS
S2	I2	Schalter für Lampe 1 und 2
S3	I3	Schalter für Lampe 3 und 4
L. 1 und 2	Q1 und Q2	Flutlichtlampe 1 und 2
L. 3 und 4	Q3 und Q4	Flutlichtlampe 3 und 4

Wertetabelle

Zeile		S3	S2	S1	L. 1 und 2	L. 3 und 4
0		0	0	0	0	0
1		0	0	1	0	0
2		0	1	0	1	0
3		0	1	1	0	0
4		1	0	0	0	1
5		1	0	1	0	0
6		1	1	0	1	1
7		1	1	1	0	0

Funktionsgleichung

$$Q1 = \overline{S3} * \overline{S2} * \overline{S1} + S3 * S2 * \overline{S1}$$

$$Q1 = S3 * \overline{S2} * \overline{S1} + \overline{S3} * S2 * \overline{S1}$$

Funktions-Block-Diagramm (FBD)

(eine mögliche Lösung)

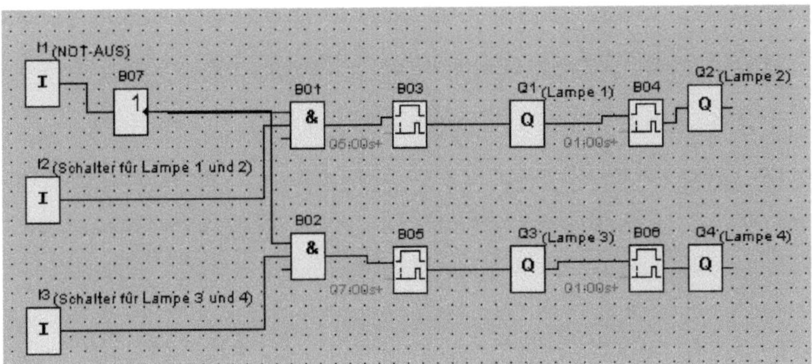

Anlage XIII: Modell einer Flutlichtanlage

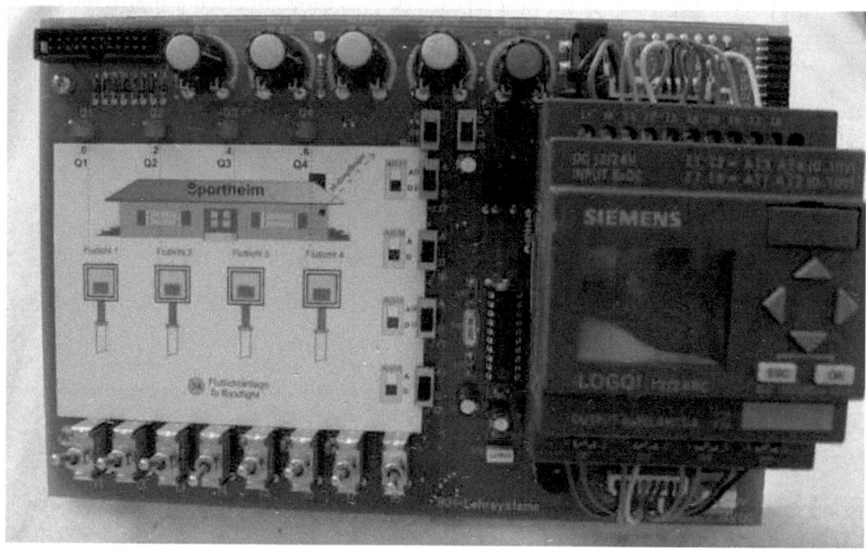

IKH Lehrsystem: LOGO!Learn_Advanced

BEI GRIN MACHT SICH IHR WISSEN BEZAHLT

- Wir veröffentlichen Ihre Hausarbeit,
  Bachelor- und Masterarbeit

- Ihr eigenes eBook und Buch -
  weltweit in allen wichtigen Shops

- Verdienen Sie an jedem Verkauf

Jetzt bei www.GRIN.com hochladen
und kostenlos publizieren